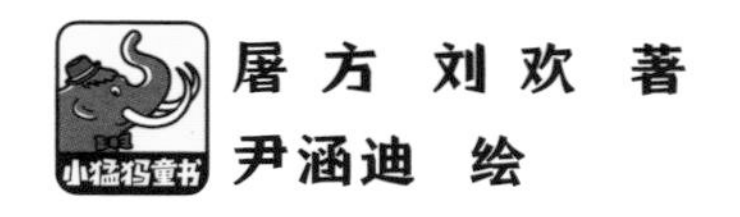

屠方 刘欢 著
尹涵迪 绘

你好，中国的房子

羌族的碉楼

電子工業出版社
Publishing House of Electronics Industry
北京·BEIJING

羌族是我国人口较少的少数民族之一，主要分布在青藏高原的东部边缘，岷江上游高山或半高山地区。这些地区海拔较高，常年云遮雾罩，因此羌族也被称为“云朵上的民族”。

羌族的村寨建立在崇山峻岭之上，由于山高谷深、道路崎岖，限制了羌族与外界的交流。为了出行便利，羌族人发明了横跨急流深谷的交通工具——溜索。

羌族人在两岸固定好两根倾斜度相反的绳索：出村寨时，村寨这边的绳索高，对岸低；进村寨时，村寨这边的绳索低，对岸高。羌族人用皮带或麻绳的一端紧紧地捆绑在腰间，另一端系在溜壳上，顺着溜索滑向对岸。

利用溜索进入村寨后，会看到村口石碑上刻着千百年来流传下来的乡规民约，包括发展生产的约定和惩恶扬善的条律。

从古至今，羌族逐渐形成了特有的乡土治理模式：如果有村民违背了这些乡规民约，就会受到处罚，轻者减少或取消福利，重者会受到鞭笞。

走近村寨，会发现墙体和墙体之间交织着巷道与暗道，寨子里的人在小道里进出自如，而外人一旦进入，就像走进了迷宫。

羌族人在寨子的地下挖掘了众多引水暗渠，编织成纵横交错的水系。水渠上面盖上石板和土，将地下水系隐藏起来，为战争时期的生活提供了巨大的便利。

历史上，羌族常年征战，用石头垒起的碉楼和碉房坚固耐用、雄浑挺拔，具有防御外敌和日常居住的双重功能。

那些像高塔一样高高耸起的建筑叫作碉楼。碉楼具有军事要塞的功能，在外敌入侵的时候，能够防御警戒、保护族民。碉楼周围分布着一栋栋两三层高的房子，称为碉房，它是羌族人民日常生活起居的地方。

传统的羌族碉楼和碉房就地取材，以土石为料。

羌族人凭借代代相传的经验和技能，巧妙地结合地形进行建筑设计。他们不绘图、不吊线，也不用柱架支撑，却能分台筑室。在建设碉楼前，先选好地基，深挖基脚，用大石头垫在底下做基础；再用毛石、片石上下错缝，层层垒起，用小石片垫平；最后用黄胶泥黏合，形成下部宽大、上部收窄的堡垒。

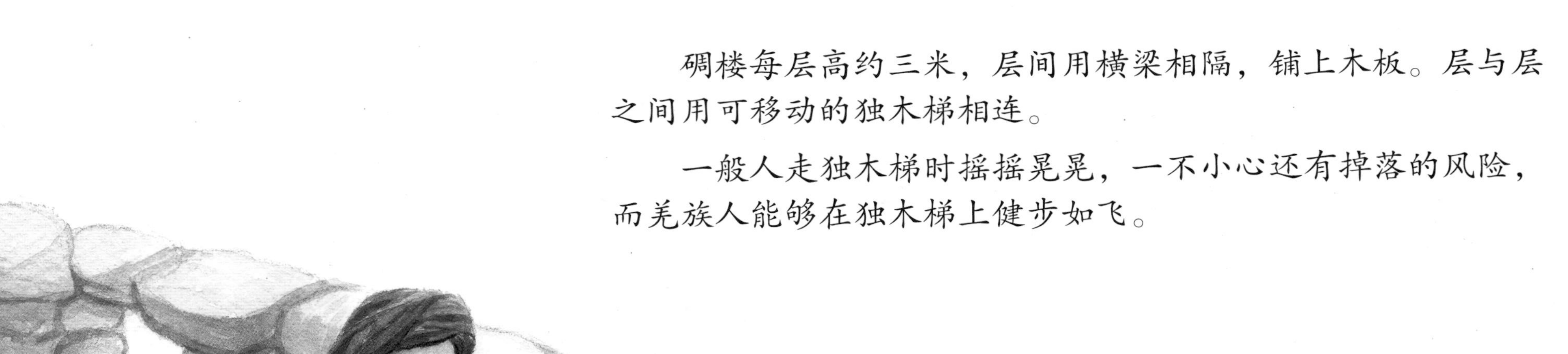

碉楼每层高约三米，层间用横梁相隔，铺上木板。层与层之间用可移动的独木梯相连。

一般人走独木梯时摇摇晃晃，一不小心还有掉落的风险，而羌族人能够在独木梯上健步如飞。

碉楼从二层起四面有窗，窗户内大外小，俗称“罗汉窗”，有通风、瞭望的作用。在古时候，窗边的墙上挂着弓箭，守卫的人时刻准备射击入侵的敌人。

古时候，碉楼最高处的箭垛储存着许多大石块，这些石块可以在紧要时刻砸向进攻的敌人。有的碉楼底部有逃生通道，一旦有外族侵扰，以高碉为中心，构成整体防御体系。各家各户都会紧闭大门，在房顶抗击敌人。

古时候，羌族还有个习俗，谁家生了男丁，就要建一座碉楼，还要在碉楼的地基下埋一块铁。孩子每长一岁，碉楼就要加盖一层。直到孩子年满十八岁，碉楼封顶，父母亲取出埋在地基下的铁，锻造成刀送给孩子，让他去保护家园。

碉楼周边的碉房，同样用当地的石块建造而成。充满艺术气息的羌族人在碉房四周装饰了精美的石雕、木雕、编织物等手工艺品。

碉房正门前放置着栩栩如生、雄壮威武的石狮，据说，石狮能为主人带来好运。

碉房的一楼有厕所，也可用于圈养牲畜，堆放农耕工具。一楼还有地下水系的出水口，羌族人的日常用水就取自这里。

碉房二楼分布着堂屋、卧室、厨房。堂屋是羌族人平时家庭聚会、接待客人以及祭祀的重要地方。堂屋设神龛，供奉着祖先、家神等神灵。在堂屋的正中间，有一个用石头砌成的火塘，火种终年不熄。

碉房的三楼为平台，平台后方有间小房作为储藏室，叫作楼子。

平台是羌族人晾晒粮食、纺纱织布和儿童嬉戏的主要场所，也是羌族姑娘聚在一起刺绣的地方。到了出嫁的时候，羌族姑娘会穿上精美绝伦的嫁衣、美丽的云云鞋。

羌族人热情好客，若有客人来，主人会特别开心，为客人端上香味扑鼻的腊猪肉、香猪腿、柳沟肉、山龙须、刺隆包等各种美食。羌族有俗语：“无酒难唱歌，有酒歌儿多，无酒不成席，无歌难待客。”能歌善舞的羌族姑娘为客人敬上高原地区特有的青稞酿制的咂酒，在热情的羌族祝酒歌中，客人脸上堆满了快乐的笑容。

羌族人居住在高山地区，虫害和鸟兽对庄稼的危害很大。为了减少损失，增加粮食产量，羌族人练就了扎稻草人的本领。

田间地头立着许多头戴帽子、手持扇子的稻草人。风吹过时，栩栩如生的稻草人驱赶鸟兽，保护庄稼，守护着羌族人的农田。

羌族的节日很多，其中，祭山会是羌族较为隆重的节日之一。

每逢祭山会，全寨男女老少穿着盛装聚在一起，祈求人畜兴旺、五谷丰登、村寨太平。男孩子第一次参加祭山会，家人要带着咂酒和馍馍送给参加活动的族人，让孩子得到全寨人的认同。

盛典的最后，大家一起燃起熊熊的篝火，伴着有千年历史的高亢悠扬的羌笛声，手牵着手，唱着山歌，围绕着村寨共同跳起萨郎舞。

作为军事防御体系的碉楼历经千年，如今已经退出了历史舞台。那些血雨腥风的岁月不复存在，留给现代羌族人的是祥和、美满的幸福生活。

图书在版编目（CIP）数据
你好，中国的房子. 羌族的碉楼 / 屠方, 刘欢著 ; 尹涵迪绘. -- 北京 : 电子工业出版社, 2022.7
ISBN 978-7-121-43489-1

Ⅰ. ①你… Ⅱ. ①屠… ②刘… ③尹… Ⅲ. ①羌族－民居－建筑艺术－中国－少儿读物 Ⅳ. ①TU241.5-49

中国版本图书馆CIP数据核字（2022）第085050号

责任编辑：朱思霖
印　　刷：北京瑞禾彩色印刷有限公司
装　　订：北京瑞禾彩色印刷有限公司
出版发行：电子工业出版社
　　　　　北京市海淀区万寿路173信箱　邮编：100036
开　　本：889×1194　1/16　印张：22.5　字数：97.25千字
版　　次：2022年7月第1版
印　　次：2023年5月第4次印刷
定　　价：200.00元（全10册）

凡所购买电子工业出版社图书有缺损问题，请向购买书店调换。若书店售缺，请与本社发行部联系，联系及邮购电话：（010）88254888，88258888。
质量投诉请发邮件至zlts@phei.com.cn，盗版侵权举报请发邮件至dbqq@phei.com.cn。
本书咨询联系方式：（010）88254161转1859，zhusl@phei.com.cn。